JN103694

シン・動物ガチンコ対決
強顎狩人 ジャガー VS 猛臭戦士 スカンク

2022年 12月 27日　初版第1刷発行

著／ジェリー・パロッタ
絵／ロブ・ボルスター
訳／大西 昧

発行者／西村保彦
発行所／鈴木出版株式会社
〒101-0051
東京都千代田区神田神保町2-3-1 岩波書店アネックスビル5F
電話／03-6272-8001
FAX／03-6272-8016
振替／00110-0-34090
ホームページ　http://www.suzuki-syuppan.co.jp/

印刷／株式会社ウイル・コーポレーション

ブックデザイン／宮下 豊

 Printed in Japan
ISBN978-4-7902-3394-7 C8345 NDC489／32P／30.3×20.3cm
乱丁・落丁本は送料小社負担でお取り替えいたします。

WHO WOULD WIN?
JAGUAR vs SKUNK

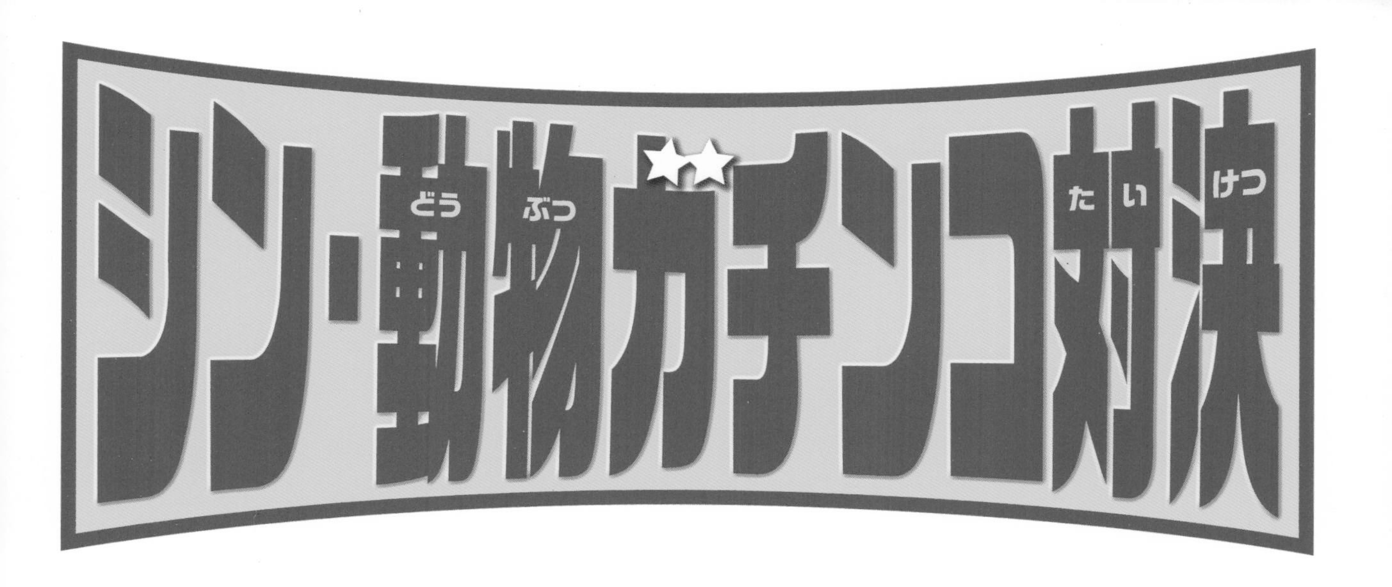

強顎狩人

ジャガー

VS

猛臭戦士

スカンク

ジェリー・パロッタ 著
ロブ・ボルスター 絵
大西 昧 訳

すずき出版

The publisher would like to thank the following for their
kind permission to use their photographs in this book:
Photos ©: 1 center right: Isselee/Dreamstime; 4: anankkml/Thinkstock;
5: Isselee/Dreamstime; 6 bottom: André Baertschi/wildtropix.com;
16 bottom: Fabiofersa/Dreamstime; 20 top: krinkog/Fotolia;
21 bottom: Courtesy Skunk Works® Lockheed Martin Corporation;
24 center: Julesuyttenbroeck/Dreamstime; 29 top: Panoramic Images/Getty Images.

バーバラ・バーンズと、ノーフォーク・アカデミーの
友人たちに感謝をこめて。── J.P.

海が育んでくれたすべてのものに捧ぐ。── R.B.

【もくじ】

もし、ジャガーとスカンクがばったり鼻をつき合わせてしまったら、どうなるのでしょう。
戦いになるのでしょうか。勝つのはどちらでしょうか。

ジャガーについて知ろう

ジャガーは、ネコ科のほ乳類です。ネコ科のなかまで、3番目に大きなからだをしています。「ジャガー」という名前は、「ひと飛びで獲物を殺す真の猛獣」という意味の先住民のことばがもとになっています。

ほ乳類
たいていは皮ふに体毛が生え、気温にかかわらず体温を一定に保ち、子どもを乳で育てる動物のこと。

ネコ科のひみつ(1)
ネコ科のなかまでからだがいちばん大きいのは、アムールトラ(シベリアトラ)なんだ。

ネコ科のひみつ(2)
ネコ科のなかまでからだが2番目に大きいのがライオンだよ。

スカンクのなかまはほ乳類で、シマスカンクやマダラスカンクなどの種がいます。シマスカンクの学名は「メフィティス・メフィティス」。「強烈すぎるにおい」という意味です。スカンクのなかまは、白と黒の毛をして、種ごとにもように特徴があります（→9ページ）。

名前のひみつ

「スカンク」という名前は、アメリカの先住民のことばがもとになっていて、「においをふきかけるもの」という意味だよ。

スカンクはだれでも知っているくらい有名です。でもそれは、おそろしい牙やするどい爪のせいではありません。強烈すぎるにおいを放つからです。

森のなかでくらしているジャガーは、木のぼりがとくいです。つかまえたばかりの獲物を木の上まで引きあげて食べることもよくあります。

泳ぐ

ネコのなかまは、水に入ろうとさえしないものがほとんどです。でも、ジャガーは泳ぎがばつぐんにじょうずです。ワニ、気をつけろ！ カメ、気をつけろ！ ジャガーがくるぞ!

かくれる

スカンクのとくい技は、かくれることです。昼間、人前にすがたをあらわすことはめったにありません。スカンクはどこにひそんでいるのでしょう。

天井にいるもののひみつ

屋根や天井から動物がいる気配がしても、それはスカンクじゃないんだ。たぶん、アライグマとかリスたちだよ。

知ってる？

スカンクは、むかしは「イタチ科」に分類されていたけれど、今は、「スカンク科」の動物だよ。

家のどこかにかくれているのでしょうか？　外に置いたごみ箱のなかでしょうか？
それとも、むこうのしげみに身をひそめているのでしょうか？

ネコのなかまの毛皮のもよう

ネコのなかまには美しいもようのものがたくさんいます。

ジャガー

「ロゼット」とよばれる、花のような大きなもようで、なかに点がある

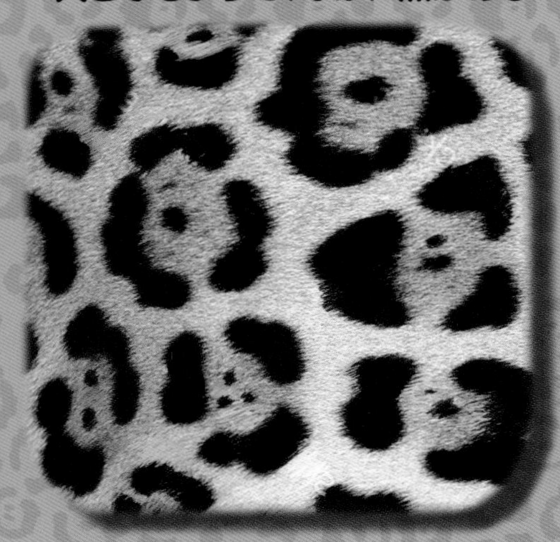

チーター

黒い水玉もよう

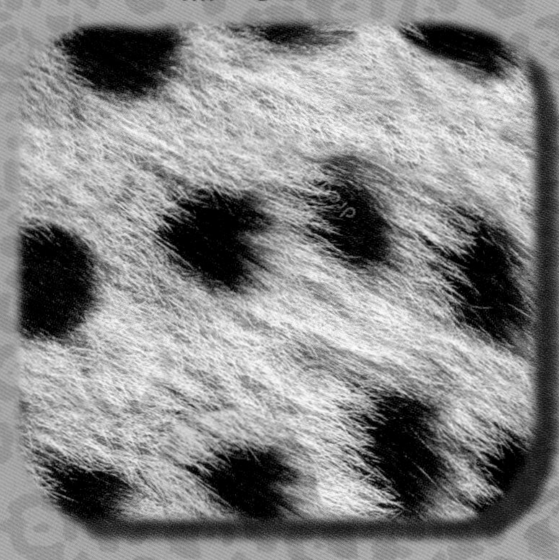

ライオン

おとなのライオンにはもようはない

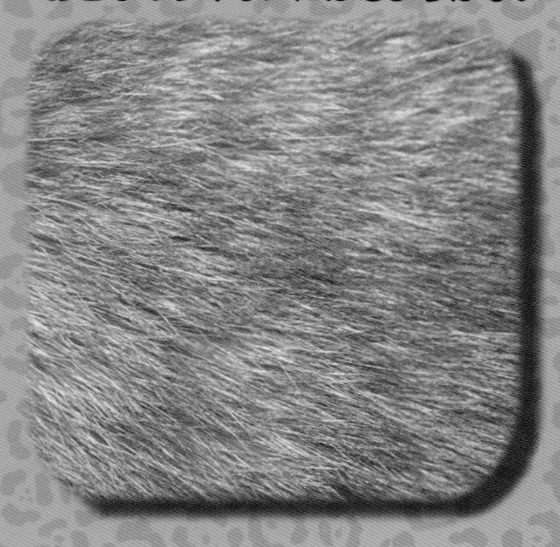

クロヒョウのひみつ

クロヒョウの毛皮は黒一色に見えるよね。でもよく見るともようがあるんだ。黒いから見えないだけなんだよ。

ヒョウ

ジャガーと同じ、花のようなもようで、なかに点がない

トラ

黒のしまもよう

ライオンの赤ちゃんのひみつ

ライオンは赤ちゃんのときにだけ、斑点もようがあるんだよ。大きくなると消えるんだ。

スカンクのもよう

ブタバナ
スカンク

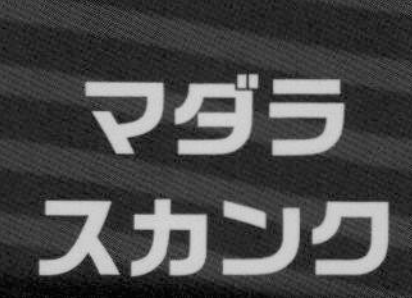

セジロスカンク

もようのひみつ
スカンクは、生まれたときから
しまもようがあるんだよ。

シマスカンク

もし、このページのスカンクたちがみなさんの部屋にいたら、たいへんです！
これからこの本では、シマスカンクをとりあげます。

ジャガーはどこにすんでいる？

ジャガーは、中央アメリカと南アメリカなどにすんでいます。

ジャガーは、熱帯の木が生い茂っているところにすんでいます。
水辺や草原、サバナ（サバンナ）などで狩りをします。

シマスカンクはどこにすんでいる？

シマスカンクは、北アメリカにすんでいます。

北極海

ヨーロッパ

日本

アジア

太平洋

アフリカ

インド洋

知ってる？
ジャガーはアフリカにはいないんだよ。

オーストラリア

南極海

南極大陸

ジャガーの活動時間

ジャガーは、夜明け（薄明）や夕暮れ（薄暮）の時間に狩りをする薄明薄暮性動物です。

薄明薄暮性動物
夜明けや夕暮れに
活動する動物のこと。

知ってる？
「ジャガー」という有名な
スポーツカーがあるよ。

昼の間起きている動物には、夜明けや夕暮れは、しのびよってくるもののすがたがはっきり見えません。そのうえ、起きぬけだったり、活動したあとでつかれていたりします。ジャガーはその時間帯をねらって獲物をしとめるのです。

活動時間のひみつ
ジャガーのような薄明薄暮性動物のほかに、
昼間に活動する「昼行性動物」、夜になって
活動する「夜行性動物」がいるよ。

スカンクの活動時間

スカンクは夜行性動物です。昼間は休んでいて、夜になると活動をはじめます。

「スカンクされる」
アメリカでは、釣りにいって何も
釣れないことを「スカンクされる」
ということがあるよ。

夜行性動物にはどんなものがいるのでしょう。
たくさんいておもしろそうなので、イラストレーターのロブに提案しました。
「ロブへ。こんど、『夜行性動物アルファベット図鑑』っていう本を
つくってみないかい?」

ジャガーの食べもの

ジャガーは肉食です。動物学者が調べてみると、ジャガーはおどろくほどいろいろな動物をつかまえて食べていることがわかりました。

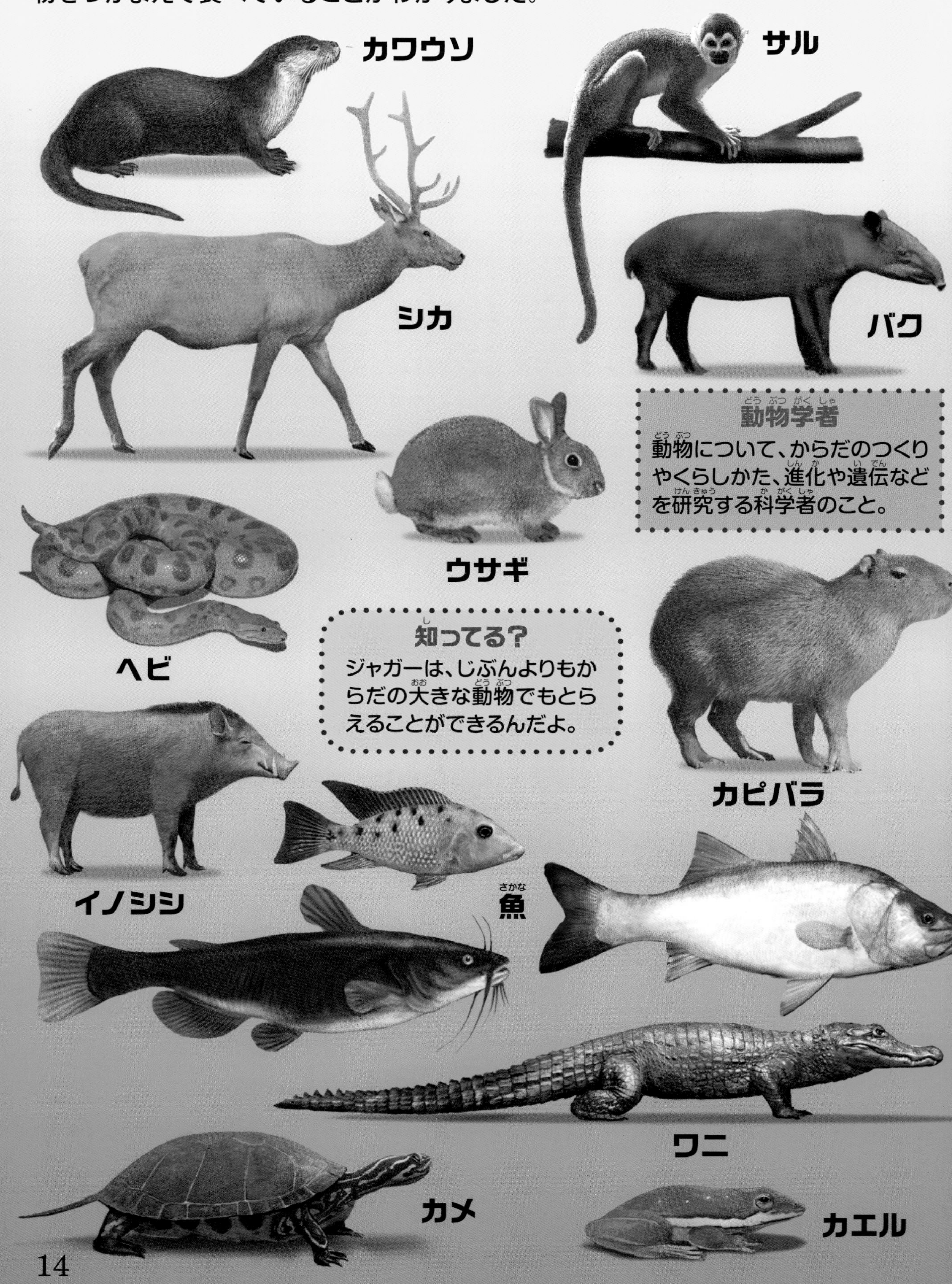

動物学者
動物について、からだのつくりやくらしかた、進化や遺伝などを研究する科学者のこと。

知ってる?
ジャガーは、じぶんよりもからだの大きな動物でもとらえることができるんだよ。

スカンクの食べもの

スカンクは雑食です。植物も動物も食べます。スパゲティやハンバーガーもよろこんで食べるでしょう。

食べもののひみつ(1)
植物しか食べないことを草食というよ。ゾウやパンダは草食動物だよ。

くだものや野菜

食べもののひみつ(2)
昆虫しか食べない動物もいるんだ。食虫動物というよ。

昆虫の成虫や幼虫

小型の両生類やは虫類

小型のほ乳類

卵

魚

カタツムリ

ミミズ

スパゲティ

ハンバーガー

知ってる?
フクロウのなかまのアメリカワシミミズクは、スカンクを食べるんだ。 ウヒャ!

ジャガーからは逃げられない

狩りをする動物のなかでも、ジャガーほど完成された生きものはいません。“動物オリンピック”がひらかれたら、狩りの種目で金メダルをとるのはまちがいなくジャガーでしょう。

いや、ジャガーの狩りは金メダルでもたりません。気配を消してしのびより、相手が気づく間もあたえずにしとめます。ジャガーのあごと歯はとても強く、カメが足や頭を引っこめたとしても、甲羅ごとかみくだいてしまうのです。

尾のひみつ

ジャガーはネコのなかまのなかでは尾がすごく短いんだ。ユキヒョウの尾はすごく長いんだよ。

ブラジルの50レアル紙幣

スカンクをあなどってはいけない

もし、スカンクに自動車の下でにおいを放たれたら、1週間はその車に近づくことさえできません。それくらい強烈です。

知ってる?

スカンクは、
ほかのスカンクにはにおいを
ふきかけないんだよ。

こんな話があります。エアコンの室外機のそばをとおりかかったスカンクが、室外機におどろいてにおいを発射しました。強烈なにおいが室外機から流れこんだ部屋は、1か月もの間だれもすめなくなったそうです。実際にそんな目にあったら……、笑えません！

昼間のスカンクのひみつ

もし、昼間に
スカンクを見つけたら、
そのスカンクはどこか具合の
悪いところがあるに
ちがいないよ。

登校のとちゅう、スカンクに強烈なにおいをふきかけられた女の子は、すぐさま家に帰され、トマトジュースのおふろに入れられました。スカンクのにおいはトマトジュースのおふろで消せるという言い伝えがあるのです。残念ながら、トマトジュースではスカンクのにおいを消すことはできません。

スカンクのにおいのひみつ

スカンクの放つにおいは、強烈
だけれど、においの元の物質に
毒はないよ。

ほえ声

もしみなさんが地球の西側の、ジャガーがいる地域にすんでいたとして、ジャガーが周囲にいるかどうかわかるでしょうか？ じつは、わかるのです。ほえ声です。地球の西側にすんでいる、ネコのなかまでほえるのは、ジャガーだけだからです。

ほえるネコのひみつ

わたしたち人間が飼っているイエネコは「鳴く」けれど、ライオン、トラ、ヒョウ、そしてジャガーは「ほえる」んだよ。

におい

昼間はほとんどすがたを見せないスカンクですが、近くにいるかどうかは、においがしたらすぐわかるでしょう。スカンクには、尾の下（肛門の両脇）に強烈なにおいの分泌液を出す腺があります。スカンクがおしりを向けて、尾を高くあげたら非常事態です。つぎの瞬間にはひどいにおいの液が、みなさんに向かって飛んできます。

噴射のひみつ

スカンクは、相手のすがたが見えないうちは、においをふきかけようとはしないんだ。害獣駆除業者はスカンクをつかまえて檻に入れたら、檻を毛布などでおおうことがあるよ。そうすれば、ひどいにおいをふきかけられる危険がへるからね。

ジャガーの単独行動

ジャガーは単独で行動する動物です。
ひとりで狩りをし、ひとりでくらすのが好きなのです。

もしジャガーが集団で狩りをする動物だったら……。想像するのもおそろしいですね！

アメリカの大都市「シカゴ」は、先住民のことばがもとになっています。いろいろな説がありますが、「スカンクのいるところ（ものすごくくさい場所）」と説明されることもあります。

アメリカのカリフォルニア州パームデールには、航空機メーカー「ロッキード・マーティン社」の最新技術開発工場があります。この機関は、「スカンクワークス」という名前で知られています。

スカンクキャベツのひみつ

日本でザゼンソウという名の植物は、アメリカでは「スカンクキャベツ」とよばれているよ。スカンクのにおいによくにたにおいを出すからだよ。

ジャガーの歯や牙は、獲物をとらえ、引きちぎり、かみくだくためのもの。肉食動物としてパーフェクトです。

歯のひみつ

ネコのなかまの上あごのいちばん奥の歯はするどくとがっていて、外側を向いて生えているよ。

からだの大きさと重さ

体長：約1〜1.8メートル

体重
100〜160
キログラム

スカンクの歯

スカンクの歯や牙は小さいけれど、獲物をつかまえて食べるにはじゅうぶんです。

においのひみつ

スカンクの強烈なにおいの分泌液は、おもに7つの化学成分からできているよ。

知ってる？

スカンクのなかには、逆立ちする種がいるよ。相手にからだを大きく見せるためなんだ。

からだの大きさと重さ

体長：約25～40センチメートル

体重
1～3
キログラム

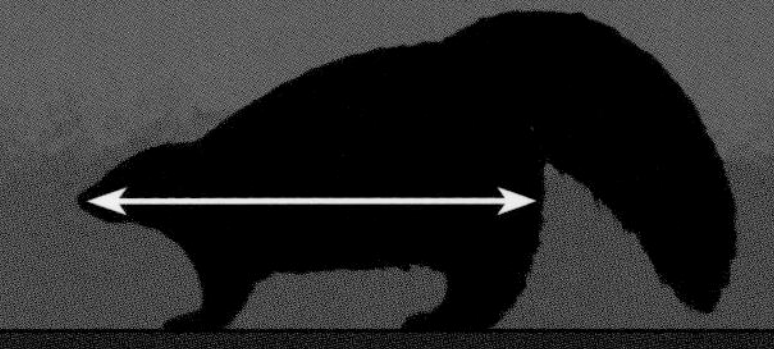

ジャガーの武器は多彩

ジャガーには、大きな牙と強力なあごのほかにも、
武器になるものがいろいろあります。

するどい爪

カムフラージュ

スピード、すばやさ

ジャガーは、時速80キロメートル以上を出すことができます。おどろかされることばかりです！

スカンクの武器はたったひとつ

スカンクは、からだも小さいし、武器というほどの牙もあごももっていません。
ものすごく強烈なにおいをふきかけるという特殊な武器ひとつで、
大昔からずっと身をまもってきました。

知ってる?
スカンクは、強烈な分泌液を6発立てつづけにふきかけることができるよ。それから逃げだすんだ。

分泌液のひみつ
スカンクが放出する分泌液は、とても燃えやすいんだよ。

強烈なにおい

スカンクは、走るのは速くありません。強烈なにおいという武器があるので、すばやく逃げる必要がないからです。

ガチンコ対決へ、カウントダウン！

ジャガーが、うとうとしているワニにしのびよります。
つぎの瞬間、ワニの首はジャガーのひとかみでへしおられました。

ジャガーがしとめたワニを食べているころ、
スカンクはトンボをつかまえてむしゃむしゃ食べていました。

ジャガーがヌートリアを食べ終えたころ、
スカンクはカエルをつかまえて
ほおばっていました。

ヌートリア
水辺にすむネズミのなかま。体長が
50センチメートルもあるんだ。

ジャガーは、ネズミのなかまで最大のカピバラを、待ちぶせしてしとめました。あとでだれにもじゃまされずにディナーにしようと、からだが大きく、重たいカピバラを木の上に引っぱりあげます。

オオアナコンダでさえジャガーにかかれば、たやすく餌食にされます。

オオアナコンダ

オオアナコンダは、人間を絞め殺すこともある世界最大級のヘビで、全長は8メートルほどだよ。

ジャガーは、川でコロソマという大きな魚にするどい牙をつきたててつかまえました。
今夜の食事は、ごちそうです。

ジャガーがコロソマを食べているころ、スカンクはカメの卵をかみくだき、
のみこんでいました。

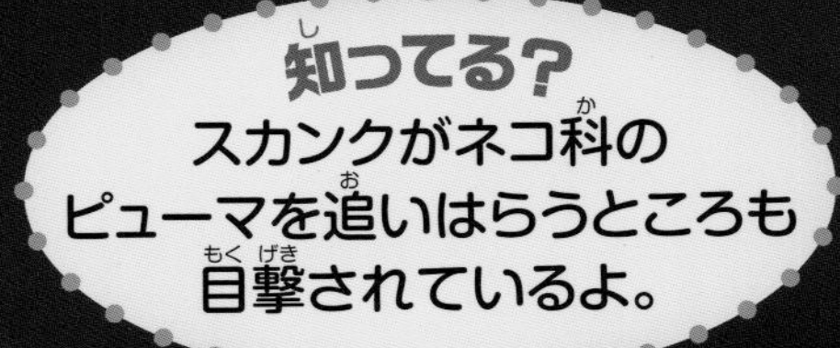

ジャガーのあごの力と歯はおそろしく強く、カメもかたい甲羅ごとかみくだいてしまいます。ジャガーに襲われたらどうしようもありません。

ジャガーは頭脳的な狩りもします。イノシシを尾行していき、眠るまでしんぼう強く待ち、それから、頭蓋骨をくだくのです。

尾行
相手に気づかれないようにあとをつけること。

薄暗い森のなかを、腹をすかせたジャガーが、獲物をさがしてうろついています。

そこへ、スカンクがすがたをあらわしました。スカンクが力でジャガーにかなうはずもありません。一瞬で引きさかれ、勝負にならないでしょう。スカンクは、ジャガーにおしりを向けましたが、逃げもせず、ジャガーに対して尾を高くふりたてました。

逃げだしたのは、ジャガーでした。スカンクの放った強烈なにおいに、ジャガーはたまらず猛ダッシュで逃げていきました。無敵に思えたジャガーも、スカンクのにおいにはお手あげです。この対決はスカンクの勝ちです。

ジャガー		スカンク
□	からだの大きさ	□
□	あごと歯	□
□	におい	□
□	爪	□
□	スピード	□
□	体重	□
□	？	□

みなさん自身でガチンコ対決の本を書くとしたら、ジャガーはどの動物と対決させますか？ 上のチェックリストを参考に、どんな動物とジャガーを戦わせたらいい勝負になるか、スカンクに勝つのはどんな動物かなど考えてみましょう。

さくいん

ジェリー・パロッタ　Jerry Pallotta

1953年生まれ。子どもたちに絵本を読んであげるようになったとき、ABC Bookといえば、[A]ppleからはじまり[Z]ebraで終わる本ばかりなのに退屈して絵本を自作したのをきっかけに、子どもの本の著作をはじめる。現在にいたるまでに、20冊以上のAlphabet bookをはじめ、"Who Would Win?"（本シリーズ）など、シンプルにしておもしろい自然科学の本を多数手がけ、数多くの賞を受賞している。

ロブ・ボルスター　Rob Bolster

イラストレーター。新聞や雑誌の広告の仕事をするかたわら、若い読者向けの本のイラストも数多く手がけている。
マサチューセッツ州ボストン近郊在住。

大西 昧（おおにし まい）

1963年、愛媛県生まれ。東京外国語大学卒業。出版社で長年児童書の編集に携わった後、翻訳家に。
主な訳書に、『ぼくはO・C・ダニエル』『世界の子どもたち（全3巻）』『おったまげクイズ500』（いずれも鈴木出版）などがある。